于静◎主编

图书在版编目（CIP）数据

秒懂儿童财商 / 于静主编． -- 哈尔滨 ：黑龙江科学技术出版社， 2025. 1. -- ISBN 978-7-5719-2683-0

Ⅰ．TS976.15-49

中国国家版本馆CIP数据核字第20243B5317号

秒懂儿童财商
MIAO DONG ERTONG CAISHANG

于　静　主编

责任编辑	李　聪
插　　画	上上设计
排　　版	文贤阁
出　　版	黑龙江科学技术出版社
	地址：哈尔滨市南岗区公安街70-2号　邮编：150007
	电话：（0451）53642106　传真：（0451）53642143
	网址：www.lkcbs.cn
发　　行	全国新华书店
印　　刷	天津泰宇印务有限公司
开　　本	710 mm×1000 mm　1/16
印　　张	7.5
字　　数	80千字
版　　次	2025年1月第1版
印　　次	2025年1月第1次印刷
书　　号	ISBN 978-7-5719-2683-0
定　　价	49.80元

【版权所有，请勿翻印、转载】

给孩子们的一封信

在一个人的成长之路上，智商和情商十分重要，财商也不能被忽略。财商，简单地说就是理财能力。人的一生处处离不开金钱，想要拥有辉煌人生，就需要正确认识金钱，理性进行消费和投资。这些在经济社会中必须具备的能力不是天生的，而是需要进行后天学习的。

如果不从小培养财商，就会在童年这个最容易塑造自身能力的时期"掉队"，长大后再想弥补，往往可能事倍功半。所以，只有在少年时期就学会与金钱打交道，才能在未来更好地创造财富、驾驭财富，成为金钱的主人。

为了响应素质教育的号召，培养智商、情商与财商全面发展的新时代少年，我们编著了《秒懂儿童财商》。在这本书中，小读者可以了解货币的起源，认识到钱来之不易，懂得理性消费、有计划

花钱的重要性，同时还可以对赚钱、投资等进行一次"超前演练"。此外，书中还对一些重要的国际金融理念也进行了简要的介绍。本书图文并茂，注重理论与生活实践相结合，力图全方位提升小读者的财商。

亲爱的小读者，让我们一起翻开这本书，开启一段"财商之旅"吧。

第一章 钱是什么，为什么能买东西

钱被发明出来前，人们这样"买东西" …………………… 2
古人曾经用贝壳来买东西吗 ………………………………… 6
金子为什么能当钱花 ………………………………………… 10
中国是纸币的诞生地 ………………………………………… 14
各国货币真有趣 ……………………………………………… 18

第二章 取之有道，赚取人生的第一桶金

需求就是商机 ………………………………………………… 22
废品中蕴藏的财富 …………………………………………… 26
我学会开网店了 ……………………………………………… 30
二手交易，一举多得 ………………………………………… 33
用知识创造财富 ……………………………………………… 37

向爸妈"讨工资"…………………………………………… 41

第三章　花钱有度，学会合理花钱很重要

原来买东西也有技巧………………………………………… 46
你可不要小看购物清单……………………………………… 50
疯狂下单的直播间…………………………………………… 54
合理使用优惠券……………………………………………… 57
购物应挑选好时机…………………………………………… 61
我来当一天的"小管家"…………………………………… 65

第四章　合理理财，理财不只是大人的事情

鸡蛋不能只放在一个篮子里………………………………… 70
最普遍的理财方式——储蓄………………………………… 74

基金真的是稳赚不赔的投资吗……………………………… 78

国家真的会向我们借钱吗………………………………… 82

买彩票真能"一夜暴富"吗……………………………… 86

第五章 培养财商，树立正确的金融观

信用是金融活动的基石……………………………………… 90

你知道吗，金融市场有个"晴雨表"……………………… 94

存进银行的钱真的毫无风险吗……………………………… 98

有了信用卡可以无限消费吗……………………………… 102

警惕成为小守财奴………………………………………… 106

警惕披着游戏外衣的赌博行为…………………………… 110

第一章

钱是什么，为什么能买东西

钱被发明出来前，人们这样"买东西"

一天傍晚，花铃听到"砰砰"的敲门声，透过猫眼儿她看到是隔壁的李阿姨，就打开门问道："李阿姨，您有什么事儿吗？"

李阿姨说："刚才我在窗口看到你妈妈从老家拿回来不少黄桃，很想尝一尝。这是我前几天从老家带回来的核桃，想跟你们换几个黄桃。"

妈妈闻声走过来，热情地从冰箱里拿出了七八个黄桃，放进食品袋中给了李阿姨。李阿姨高兴地放下一袋子核桃，拎着黄桃走了。妈妈对花铃说："铃铃，你知道吗，在钱还没有诞生的时候，人们需要什么东西，就要拿对方需要的东西去换。这就是以物易物，是我们人类最古老的交易方式。"

你必须要知道的！

以物易物的特点如下：

① 直接交换：双方直接交换货物，不用第三方中介。

② 约定性：以物易物需要双方在交换前达成约定，确定交换的货物和交换的比例。

③ 广泛性：以物易物涉及的货物种类非常广泛，包括粮食、布料、工具、家畜等。

以物易物是一种原始而直接的交易方式，它依赖于双方的信任和约定，不同货物的价值很难估算，双方交换时很容易出现分歧或争议。此外，以物易物的交易方式受天气、季节、交通等因素的影响很大。

货币发展的五个阶段

阶段	简介
以物易物	这一阶段还没有出现货币，但物物交换过程中出现了一般等价物的雏形。
金银条块	以物易物满足不了日常所需后，货币诞生了。但是，贝币等有天然缺陷，于是人们发现了金银的特殊价值，开始以简单的金银条块作为货币。
铸币	随着生产力的发展，人们开始铸造金属货币，主要是铜币。
纸币	金属货币不便于携带，于是纸币诞生了，并与金属货币一起使用到今天。
电子货币	信息化时代，货币开始虚拟化，电子货币的应用日益广泛。

敲重点！我来支招

今天，以物易物的交易方式依然存在，但在交易时要注意以下问题：

1 预先评估交换物品的价值

双方交换物品的价值是很难一致的，因此必须对自己和对方物品的价值有一定的评估，双方都可以接受后再交换，以免后悔。

2 保持诚信和信任

在以物易物的过程中，诚信和信任是非常重要的，双方需要遵守约定、诚实守信。

3 确保交换物品的质量

在以物易物时，需要确保交换物品的质量与约定的一致，如果有损坏，需要事先说明，避免引发纠纷。

古人曾经用贝壳来买东西吗

暑假来了,东东和妈妈到海边去玩。他光着脚在沙滩上跑来跑去,别提多高兴了。

跑着跑着,东东感觉踩到了什么东西。他在沙子里挖啊挖,挖出一个贝壳。那是一个黄色的贝壳,颜色鲜艳极了,贝壳的背后还有一条长长的齿槽。东东越看越喜欢,于是将贝壳拿给妈妈看。

妈妈接过贝壳看了看,笑着说:"东东,你太厉害了,你捡到钱了!"东东说:"哪里有钱?"妈妈说:"其实,在古代,贝壳就是钱,是能用来买东西的。"东东将信将疑,妈妈就给他讲了什么是贝币,东东这才恍然大悟。

你必须要知道的!

① 有研究者认为,我国商朝统治者的始祖生活在海边,喜欢用贝壳做装饰品。后来,他们迁到中原地区生活,还是怀念海贝,于是选择用海贝来当货币。

② 也有研究者认为,古人将贝壳视为多子多福的象征,寓意吉祥。

③ 古代内陆地区海贝非常罕见,外观漂亮的海贝更是稀缺,深受人们喜爱。

在经历一段漫长的以物易物的时代后,人们终于无法忍受其不稳定性和局限性,于是开始寻找一种交换双方都能接受的物品,叫作"一般等价物",能够用来衡量其他一切商品的价值,这就是原始的货币。贝币就是原始货币之一,在东周以后逐渐被金属货币取代。

贝币的一些优势

根据史料记载，农具、牛羊等都曾做过一般等价物。但是，它们都不便于携带，而且也容易随着时间的流逝失去一部分价值。因而，人们选择了一些广受喜爱、产量有限的海贝当作一般等价物。

优势	简介
方便保存和携带	小巧玲珑的贝币，在家时可以保存在箱柜中，赶集时可以揣在小袋子里，十分方便。
价值稳定	贝币广受欢迎，且产量有限，价值是很稳定的，不会轻易泛滥或贬值。
不易获得和仿造	贝币来自遥远的海边，很难获得；以当时的技术，几乎是不可能仿造出来的。
方便计数	小小的贝币可以用绳子穿起来，数量较多时也不难计数。
不用拆分	一个贝币的价值较小，不用再拆分。

敲重点！我来支招

贝币有一定的收藏价值，如果家人想要收藏贝币，我们可以给他们提一些小建议：

1 基本特征

贝币往往是颜色鲜艳、质地坚硬的小型贝类，背后通常有长长的齿槽，被称为贝齿。没有这些特征的贝壳，往往不符合贝币的要求。

2 并非均价值高昂

并不是每一类贝币都有较高的价值，只有虎斑宝贝、阿文绶贝等价值较高。

3 仿制贝币

在贝币流行的时代，由于真贝壳不是那么充分，还出现了用兽骨、石头、青铜等仿制的贝币，这些仿制品具有同样的价值。

金子为什么能当钱花

对晚晚来说,妈妈的梳妆台就像是一个"藏宝洞",在那里总是可以看到各种各样的宝贝。而妈妈最珍视的,就是放在一个精致的匣子里的黄澄澄的金戒指、金项链、金镯子。

这一天,晚晚好奇地问妈妈:"妈妈,你为什么这么喜欢金子啊?"

妈妈笑着说:"因为金子漂亮,而且能保值。"

晚晚更疑惑了:"为什么金子能保值呢?"

妈妈回答:"因为地球上的金子太少了,'物以稀为贵'。古人不仅把金子当首饰,还曾经拿金子当钱花呢!"

你必须要知道的!

① 金子具有明亮的金黄色,非常吸引人的眼球,给人一种高贵、华丽的感觉,惹人喜爱。

② 金子是地球上非常稀有的贵重金属之一。它的产量非常有限,稀缺性使其具有珍贵的价值。

③ 金子体积小、价值高、易于分割、不易磨损、便于保存和携带等,非常适合充当货币。

喜欢!!

世界上根本不存在100%的黄金,最纯的黄金中也会含有极少量的铜、银之类的杂质。一般来说,人们把含金量不少于99.0%的黄金称为"足金",含金量不少于99.9%的黄金称为"千足金"。

历史上出现过的 黄金货币

在我国历史上，黄金由于数量稀少，很少作为流通货币在市场上出现。古代主要的流通货币是铜制的。此外，银的储量比黄金多，在明清两朝，银也曾作为流通货币，称为白银。但是，我国历史上也出现过一些黄金货币。

年代	名称	简介
战国时期	郢爰	楚国的货币，是一种刻着铭文的金版，需要切成零碎小块，称量后使用，是我国已知最古老的黄金货币。
汉朝	马蹄金	正面为圆形，背面内凹中空，形如马蹄。一般用作皇帝对大臣的赏赐，不是流通货币。
宋朝	金叶子	用金箔制成，薄如纸，便于携带、剪切，是一种非官方的辅助性货币。
明朝与清朝	金锭	俗称"金元宝"，用来贮藏和赏赐，并不流通。
近代	金条	分为"大黄鱼"（重10两，老秤，一斤等于16两）和"小黄鱼"（重1两），一般不参与流通，需要到银行或钱庄换成银元或纸币才能消费。

敲重点！我来支招

对于普通人来说，黄金是一种重要的收藏品。收藏黄金，要注意的事项很多，我们应该从小就慢慢了解这些知识。

1 黄金是常见投资品

如果爸爸妈妈有多余的钱想进行投资，那么我们可以建议他们投资黄金，但是要提醒他们投资黄金也是有风险的。

2 黄金收藏有讲究

黄金容易变色，所以要将黄金放在阴暗干燥的地方，远离厨房、卫生间等。

3 选择信誉好的商家进行交易

如果打算回购或出售黄金，应该选择信誉良好的商家，保证黄金的真实性，购买黄金时最好能附带鉴定证书。

中国是纸币的诞生地

这天晚上，小雨和爸爸正坐在沙发上看电视剧，剧中主人公和他人约定用两千两银子买一座大宅子。只见主人公从衣服里掏出一张纸递给对方，对方看了一下收起来了，这笔交易就完成了。

小雨觉得很奇怪，问爸爸："那张纸是什么啊？"

爸爸说："那是银票，是古人的纸币啊。"

小雨说："一张银票就能值两千两银子吗？那自己画一张岂不是赚大了？"

爸爸回答："纸币可不是那么容易画的。我国作为纸币的诞生地，防伪意识和防伪技术都是很强的。"

你必须要知道的！

① 北宋时期的商业空前繁荣，出现了众多商业城市，商品琳琅满目、商人和顾客络绎不绝。商贸的繁荣，使得北宋政府大量发行铜钱，后来铜矿不够用了，不得不发行铁钱。金属储备有限，是纸币出现的原因之一。

② 商贸的繁荣使得货币交易量剧增，很多交易要用到大量金属货币，携带很不方便。一开始是商人自发地使用纸币，后来北宋政府出面将其正规化，世界上真正意义的最早的纸币——交子诞生了。

从取款凭证演变为 货币

北宋前期，四川地区的商人们嫌金属货币沉重，于是一些大商人联合开办了交子铺。商人们将钱存放在交子铺中，交子铺提供一张写有金额的交子作为取款凭证，商人随时可以用交子兑换钱。大家都觉得这样太方便了，也懒得去兑换钱了，直接用交子来交易，于是交子就成了货币。

古代纸币怎么防伪

使用禁止民间采购的特殊材料制成的纸来制造纸币，例如特殊的楮皮纸。

印制复杂的图案，还有一些特殊的水印，并会用多种颜色进行套印。

古代纸币防伪手段

到了清朝，人们开始在纸币上使用编号来进行防伪。

用严刑峻法威慑造假币者。

敲重点！我来支招

1 防伪标识

今天的纸币使用的是不含任何漂白剂的专用纸张，上面有水印、磁性微缩文字和磁条，我们拿来一张人民币仔细观察，就可以看到这些防伪标识。

2 特殊油墨

今天的纸币印刷所用的不是普通油墨，而是采用磁性油墨、荧光油墨和光学变色油墨等来印刷不同的部分。

3 高端工艺

今天的纸币运用了众多高端精密印刷工艺，如微缩文字、凸印凹印、花纹对接、多色接线印刷、隐形面额数字等。我们抚摸纸币的表面，会发现触感和质感都很特殊。请注意，触摸纸币后，记得洗手哟。

各国货币真有趣

有一天,爸爸给狄娜买回来一本神奇的书,书里讲述了各国货币的故事。狄娜翻开第一页,看到一张墨绿色的货币,货币中央印着一个秃顶的男人。爸爸告诉她这是100美元,货币上印的是美国科学家本杰明·富兰克林。

狄娜还翻出了一张非洲国家的货币,面值为500,正面是两头奶牛,背面则是四个非洲小朋友。爸爸告诉她,这是非洲国家卢旺达的货币。

读完了这本神奇的书,狄娜对世界各国充满了好奇和向往,决定将来亲自去这些国家看看。

你必须要知道的！

① 每个国家都有自己的本国货币，简称本币。

② 美元目前是占主导地位的全球储备货币，在全球的流通量是最大的。

③ 人们还能买卖货币进行交易，称为外汇交易。例如买入美元，卖出欧元，从中赚取差价等。外汇交易需要时刻关注汇率，因此多在网上进行。

货币的材质

世界上绝大多数货币都是纸质的，纤维通常都很坚韧，使用寿命较长。不过，也存在其他材质的货币，例如塑料货币，这种货币不怕水洗、不易污损，使用寿命是非常长的。此外，还出现了半纸半塑料的货币。

敲重点！我来支招

1 注意防潮

纸币长期接触水分会变形、发霉乃至损坏。因此，要将纸币存放在干燥的地方，远离水源和潮湿的环境。

2 防止受到暴晒

纸币长时间受到阳光直射，可能导致变色和褪色。因此要将其放在避光的地方。

3 远离火源和化学物品

纸币易受到火灾和化学物品的损害。请确保纸币不接触易燃物质或有害化学物质。

4 大额钞票尽量存到银行

大额钞票还是尽量存到银行，放在自己家中难免会出现一些意外。

第二章

取之有道，赚取人生的第一桶金

需求就是商机

周六,一场突如其来的阵雨把正在外面玩耍的小川和小丁淋成了"落汤鸡",小哥俩被迫在地铁站避雨。其间,很多没带伞的路人也在那里避雨。

回到家后,小川拿出所有的零花钱,去超市买了许多雨伞。小丁不解地问:"你买这么多雨伞做什么?"小川说:"最近是雨季,会有很多人需要雨伞的。别人的需求,就是我的商机!"

几天后,又下起了雨,地铁站里又有许多人在避雨。小川立刻背起一大包的雨伞去地铁站叫卖。即使小川稍微抬高了雨伞的价格,雨伞依旧很快就销售一空,小川也因此获得了一笔可观的收入。

你必须要知道的！

1 在经济学中，需求指的是消费者愿意购买某种商品或服务，下雨天人们需要雨伞就是一种需求。

2 在经济学中，供给指的是生产者提供的某种商品或服务，小川出售的雨伞就是一种供给。

3 商品的价格会受到供给量和需求量的影响。供给量大于需求量时，价格会下降；相反，供给量小于需求量时，价格会上升。

为什么一些商品的价格很少变化？

有一些商品的价格一直非常稳定，比如盐、米、电、天然气、公交车票等。这些商品往往是生活必需品，它们的供需关系一般比较平衡，而且原材料丰富、生产成本相对稳定，涉及民生或公众利益的商品的价格还会受到政府的干预。

身边处处有商机

下雨了要打伞,天冷了要戴手套,运动后想喝水……这些我们习以为常的现象,在高财商的人眼中则是一个个商机。我们平时应该多多关注身边人的小小需求,从中找到一些商机,开启自己的"致富之门"!下列场景中藏着哪些商机呢?试着写一写吧!

场景	人群	需求	商品
雨中的地铁站	上班族、学生	避雨	雨伞
夏天的运动场			
冬天的校门口			
熙熙攘攘的车站			
小区门口			

敲重点！我来支招

1. 定价时要考虑成本和市场需求，确保定价合理，并且能获得一定利润。

2. 无论是出售饮品、生活用品还是手工艺品，都要确保产品的质量，尤其要注意食品的卫生和安全。

3. 安全第一，我们在人多的场合"做生意"时，要确保自身以及财物的安全。

废品中蕴藏的财富

最近,小伙伴们发现小峰总是一放学就立刻回家,就连他平时最爱的足球也不踢了。有一天,大家发现小峰灰头土脸地在快递驿站附近捡快递纸盒。大家都惊呆了,小帅忍不住上前问:"小峰,你为什么在这里捡垃圾?"

"在你们眼里这是垃圾,可对我来说这就是财富。"小峰擦了擦汗,继续说,"几周前,我听说退休的邓爷爷靠卖废品挣了几千块!我才知道原来这些废品也有经济价值,现在我也靠卖废品攒了几百块,厉害吧!"

小伙伴们再次瞪大了双眼,原来废品中真的蕴藏着财富。

你必须要知道的!

① 卖废品并不是什么丢人的事情,在卖废品的过程中我们可以锻炼动手能力、体验赚钱的不容易,还能促成资源再利用。

② 废品价值不能一概而论,比如废铁可以分为薄铁、料铁等,铜可以分为杂铜、紫铜等,不同的材料卖出去的价格也不一样。

③ 废品回收站往往会低价购买人们不要的废品,然后进行分类,经过再次转卖就可以获得利润。

平时我们常常会认为废旧纸箱、废旧金属都是一些没有价值的垃圾,于是选择将它们丢弃。其实,在有财商的人眼中,这些"垃圾"仍然有经济价值。以最常见的硬纸板、塑料瓶、易拉罐为例,如果我们将其做分类整理卖给废品回收站,很容易就能获得不少利润。

废品回收 真简单

很多人都觉得卖硬纸板、塑料瓶赚钱又慢又累，即使卖很多也挣不了多少钱，因此对卖废品嗤之以鼻。实际上，只要我们发挥自己的财商，把"废品生意"的规模扩大一些，不再局限于废纸、塑料等物品，那我们的收益来源也会大大增加。

比如别人丢弃的废旧电器里面可能含有铁、铜等金属，只要我们将这些"垃圾"回收，将里面的各种材料分类整理出来，再卖给废品回收站，就能获得较为可观的收益。

生活中还有哪些常见的"垃圾"具有经济价值呢？试着将它们回收起来，变为自己的财富吧！

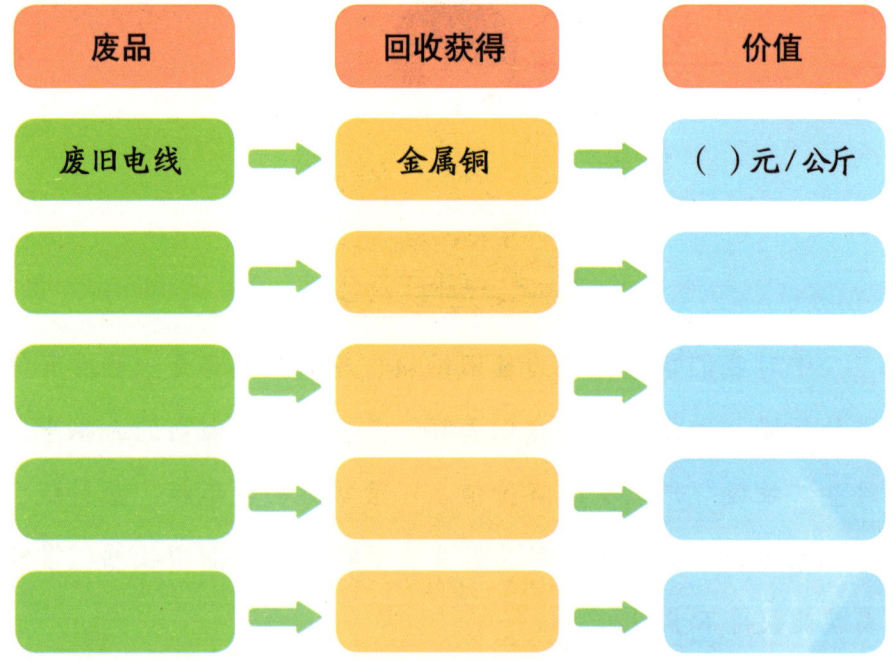

敲重点！我来支招

1. 如果我们发现了一些损坏程度并不高的电器等用品，可以将其转卖给二手物品店，赚取一些差价。

2. 多和社区或街道的保洁人员聊聊，他们一定知道哪些地方容易获得"废品"，那里就是我们的"聚宝盆"。

3. 多在家或社区附近转转，发掘一些"废品"产出量大的地方，比如快递公司、物流站点等。

我学会开网店了

这天，小姨来到思琦家做客，给她带了一大包零食，思琦高兴极了。思琦妈妈说："这么多零食一定没少花钱吧，你也不知道省着点花。"小姨摆摆手："没花多少钱，我现在开网店卖零食，这些都是我自己进的货，便宜得很！"思琦问："小姨，网店是什么？"小姨解释道："网店就是互联网上的店铺。开了网店后，我们不用东奔西跑，足不出户就能挣钱呢！""小姨，我能和你学开网店吗？我也想足不出户就能挣钱。"思琦追问。小姨说："你还小，至少要16岁才可以开网店。不过，我可以提前教你如何运营网店哟！"

你必须要知道的！

① 与实体店不同，开网店不需要租赁店铺、现场接待客户等，只需一台电脑，基本业务通常都可以通过互联网进行，非常省力。

② 不同类型的网店，经营方式不同，有的网店需要店主自己进货、营销、发货等，而有的店铺只需要处理客服信息和订单。

③ 根据相关法规，我们必须年满16周岁才能开网店。在此之前，我们可以跟在家长身边学习开网店及经营网店的相关知识。

网店和实体店的区别

网店与实体店相比，最大的优势就是方便，人们足不出户就能轻易买到想要的东西。而且实体店的顾客范围通常局限在某个区域，而网店则没有这方面的限制，因此网店店主不需要用吆喝、叫卖等方式吸引顾客，只要想办法在网上吸引顾客消费就可以了，因此开网店其实算是"脑力劳动"。

敲重点！我来支招

1. 顾客通常不会主动找某个网店去消费，为了吸引更多顾客，店主要想办法提高网店的曝光度。

2. 开网店需要时时刻刻关注平台动态，留意订单信息和客户咨询等，以免错过商机。

3. 上架商品时，不要随意起名，而是要选择一些利于推广、能够吸引顾客的关键词作为商品名称。

二手交易，一举多得

随着年龄增大，何帅渐渐对自己的汽车模型失去了兴趣，开始喜欢拼图、魔方一类的益智玩具。于是，何帅和爸爸商量，想要把不喜欢的玩具都丢掉。可是，何帅的玩具足有两大箱，全部丢掉太可惜了，于是在爸爸的提议下，何帅在小区里摆了个小地摊，还支起了"出售二手玩具"的招牌。同时，何帅也欢迎别的小朋友用益智类玩具来交换。

接下来的几天里，何帅的小地摊陆续来了许多"顾客"，他不仅很快就将自己的玩具成功"清仓"，赚了不少零花钱，还收获了许多梦寐以求的益智类玩具。

你必须要知道的!

1 在二手交易中,我们不仅要先评估自己玩具的价值,还要与其他小朋友讨价还价,这些都是重要的财商技能。

2 在交易过程中,我们会渐渐培养出财富观念、金钱意识等,从而学会管理金钱。

3 交易也是一种社交活动,在和其他小朋友进行交易时,我们的语言表达能力可以得到提升,还有机会结识更多的新朋友。

为什么许多电器商家开始回收旧电器?

首先,商家将旧电器回收并拆解后,可以回收其中的塑料、铜、铁等可以循环使用的材料。其次,一些旧电器中的零部件经过修复或翻新后可以重新投入使用。此外,为了响应国家节能减排的政策,电器商家需要避免被遗弃的旧电器造成污染和浪费。最后,回收旧电器的行为还能树立良好的企业形象,吸引更多顾客。

二手交易为何盛行

现在国家倡导可持续发展和资源回收利用，人们越来越喜欢进行二手交易。这主要是因为人们的环保意识提高了，更重视节约资源。同时，通过出售二手物品还能在一定程度上"回血"。而且，现在许多人在购买商品时重视质量，一些商品使用一段时间后质量仍然很好，这也给二手交易提供了机会。

想一想：我们生活中有哪些二手物品可以卖出去赚零花钱呢？可以卖给谁呢？

物品	程度	交易对象
一套漫画书	九成新	同学小浩

敲重点！我来支招

1. 在出售二手物品前要了解物品的市场价值，根据物品的完整性和质量做出合理的定价。

2. 在交易前要确保对方值得信赖，明确交易条件，避免出现不必要的麻烦。

3. 在购买别人的二手物品前，要仔细检查物品的质量和完整度，避免买到有缺陷或不符合期望的物品。

用知识创造财富

　　一弘从小就对电脑十分痴迷，小小年纪的他已经掌握了非常丰富的电脑知识，他不仅了解复杂的电脑构造，还学会了组装电脑、安装系统等技能，俨然是大家眼中的电脑高手，许多同学、邻居的电脑出问题时都找他帮忙。

　　一弘还有一定的商业头脑。他将各类电脑服务制成价格表，把自己的微信名片推广到朋友圈中，有偿给大家提供上门服务。大家得到他的帮助后，看着这个年纪轻轻的电脑专家，都愿意支付他劳动报酬。

　　一个暑假过去了，一弘凭借自己的电脑知识帮助了许多人，还攒下了几百块零用钱，令身边的小伙伴羡慕不已。

你必须要知道的！

贸易本质是一种交换活动。由于不同的人具备不同的知识、技能或资源等，这些他人不具备的特点形成了他们在贸易中的竞争优势。借助这些优势，人们可以自由地进行货品或服务的交换，从而推动了贸易的发展。

金钱是贸易的媒介

在远古时期，人类最原始的贸易形式是物物交换，即双方直接交换所需的物品。后来，原始人类使用贝壳作为最初的货币，使贸易行为变得更加便利和频繁。到了现代，人们普遍使用金钱、电子货币等货币形式作为贸易的媒介，极大地简化和推动了贸易的发展。

生活中的贸易行为

在现代社会中，不同行业或领域的人群所具备的知识、技能越来越专业化，人们往往只擅长某一个领域中的工作，因此，人们必须通过贸易行为提供自己擅长的知识或服务，从而获取需要的物品或财富。

贸易使得各个领域的人能够相互合作，让社会变得繁荣、有序。生活中有哪些常见的贸易行为呢？试着写一写吧。

贸易行为	专业人才	提供物品	需要的物品或服务
读书学习	图书编辑	教科书	知识
海报设计	平面设计师	设计作品	电脑

敲重点！我来支招

1. 当我们具备一些专业知识和技能时，可以在家长的指导下多多实践，找到自己擅长的领域，培养自己的爱好和财商。

2. 在创造财富的同时一定不能忽略个人的学习与成长。

3. 即使无法在短时间内获得收益，也不要轻言放弃，可以借此机会锻炼自己的专业技能、社交能力等。

向爸妈"讨工资"

一天,小森和小伙伴们一起相约去踢球。大家玩了一下午后,全都大汗淋漓,口渴不已,小森提议大家一起去买冷饮。小伙伴们齐声同意,于是来到附近的冷饮店中。可是,看见冷饮店的价目表,小伙伴们一个个面面相觑,没了刚才的兴奋劲儿。

这时候,小森得意地举起手机,说:"我有钱,我请大家喝饮料!"小伙伴们惊讶地看向小森,问他哪来这么多零花钱。小森自豪地说:"这可不是零花钱,这是我通过帮爸妈做家务赚来的'工资'!"

小伙伴们终于喝到了冷饮,同时又对小森自食其力的行为钦佩不已。

你必须要知道的!

① 做家务可以从小事做起，比如洗碗、拖地、浇花等，逐渐锻炼我们的自理能力。

② 承担家务劳动不仅可以赚零花钱，还能培养我们的家庭责任感，让我们理解爸爸妈妈的辛苦，从而养成良好的金钱观念。

③ 通过劳动赚取零花钱，可以让我们明白理财的重要性，树立自食其力的意识。

不过，我们应该注意，并非所有的家务劳动都应该得到报酬。一些基本的家务劳动是每个家庭成员本应承担的责任，不应该拿来换取金钱。我们要根据实际情况来区分哪些是属于自己个人的劳动，哪些是为了家庭共同利益所做的贡献。只有为了家庭所做的事情，才能和爸爸妈妈商量报酬。

有付出才能有收获

工资是以货币形式支付给劳动者的劳动报酬。当我们的零花钱不够时,就可以通过劳动的形式从爸爸妈妈手中赚取工资。通过劳动,我们可以获得经验、提升技能,还能收获成就感和满足感。

为了更好地培养理财能力,我们可以和爸爸妈妈共同制订一些合理的劳动任务及奖励方案。你还有哪些好方案呢?在下面写一写吧!

帮助对象	劳动项目	锻炼能力	报酬
爸爸	擦车	耐心	20元

敲重点！我来支招

1. 平时多留心观察，有哪些家务是我们力所能及而爸爸妈妈又不一定有时间做的，这些就是我们最好的选择。

2. 打扫卫生、整理房间时，我们可以将废纸板、塑料瓶等集中起来卖给废品回收站，这也是一笔很好的收入。

3. 我们可以试着拓展自己的"工作范围"，利用课余时间帮助邻居做一些力所能及的事情。

第三章

花钱有度，
学会合理花钱很重要

原来买东西也有技巧

今天，妈妈列出了要采购的商品清单，让小洁去小区里的超市里购物。小洁临出门前，妈妈叮嘱她要买物美价廉的商品，并简单给小洁讲解了一下什么是"物美价廉"。来到超市后，小洁还是有些糊里糊涂，想着就买最便宜的好了，应该不会出错。买完东西回到家，妈妈查看了一下这些东西后，对小洁说："你买的东西倒是符合妈妈说的'价廉'，但是'物美'方面可就不太行了。你看这个黄瓜都蔫了，西红柿上面还有伤口，酸奶就快过期了。下次去买东西，除了要价格便宜，还得多关注一下质量啊。"小洁一边点头一边想，原来买东西也不是那么容易的。

你必须要知道的！

① 买东西的过程就是一个理财的过程，用合适的钱购买合适的东西，这是每个人都应该掌握的。

② 在买东西的过程中，我们很容易进入两个误区：一种是只贪图便宜，一种是盲目地追逐名牌。这两种理念都不是合理消费。只有掌握好物美价廉的原则，才能让每一分钱都发挥出最大的作用。

物美：也就是说一件产品的质量要好。物美的产品首先应该是一件质量合格的产品。合格的产品应该有生产厂家、生产日期、标准的产品合格证书。这三项是最基本的要求，除此之外，还需要有完善的售后服务体系等。

价廉：在品质相同的情况下，价格低的商品自然就属于价廉的。

配料表里的小秘密

小朋友们,我们在购物的时候,除了确保商品合格以外,如果买的是食品,还应该关注一下食品的配料表。

配料表的长与短

看多了食品的配料表后,不难发现,配料表上的文字长短不一。偏长的配料表里面往往包含很多带有化学名称的配料,这一般是添加剂或调味剂。所以,选购食品的时候应尽量选择配料表简短的。比如,我们若想买纯牛奶,最好选配料仅为生牛乳的饮品。

配料表的顺序

国家规定,食品配料表要按照含量的高低来排序。含量越多的配料位置就越靠前。比如,我们想买一瓶酸奶,配料表第一位是生牛乳,第二位是蛋白粉,就说明这瓶酸奶中含量最多的是生牛乳,第二多的是蛋白粉。

敲重点！我来支招

要学会买合格的产品

我们在买东西之前，首先要确定它是否合格，一定要警惕那些"三无"产品。然后还要学会看商品的生产日期、保质期，并学会计算商保质期的截止日期。

学会挑选商品

凡事只有亲身经历才会印象深刻，我们可以尝试着自己来挑选商品。刚开始时可以让爸爸妈妈在一旁协助，但是不能干预太多，尽量根据自己的判断来选择。在采购完成之后，可以让爸爸妈妈帮忙评判一下我们选购的商品质量如何，价钱是否合理。

③ 试着学会砍价

我们多买几次东西后就会发现，同一件商品在不同地方，价格也会不一样，很多商家都会虚抬商品的价格。所以，砍价这项技能对于消费者来说就显得非常实用了，我们从现在就学起来吧。

你可不要小看购物清单

一天，妈妈发现家里的几样生活用品用完了，小南自告奋勇，要去帮妈妈购买。妈妈提醒小南写一下购物清单，可小南觉得完全没必要。到了超市，买完生活用品后，小南看到毛绒玩具今天买一赠一，这可把小南乐坏了，她赶紧挑了一件。可是付款的时候发现，买了玩具就超支了，她只好放弃了酱油。回到家后，小南发现妈妈正在做饭，正等着用酱油呢，她只得向妈妈道歉。妈妈说："你去超市的任务是买生活必需品，却为了买玩具造成了超支。如果你列好购物清单，并严格执行，就可以避免这种冲动消费。"小南吃着没放酱油的菜，明白了购物清单的重要性。

你必须要知道的！

1 小南一时心血来潮购买毛绒玩具，属于冲动消费；因为购买毛绒玩具造成了超支，属于过度消费。

2 超市里面的商品让人眼花缭乱，如果我们不做计划，就会这个也想买，那个也想要，最后很可能超支，或者遗漏掉我们急需的商品，给生活造成不便。如果列好了购物清单，照单购买，这件事完全可以避免。

购物清单，是指在购物前将需要购买的物品写下来形成的一个清单，这样我们在购物时就可以按照清单上的物品快速选购，既方便又省时，还能防止遗漏；更重要的是能防止我们被购物场所中五花八门的商品迷惑，有助于减少冲动消费。

学列购物清单

购物前列购物清单是很有必要的，下一次我们要独自购物或是和爸爸妈妈一起购物时，就让我们来列一份家庭购物清单，体验一下带着购物清单去购物的高效与便捷吧。

家庭成员	需购商品	数量
妈妈	洗发露	1瓶
	牙刷	2支
	食用油	1桶
爸爸		
我		

敲重点！我来支招

① 提前规划

俗话说："磨刀不误砍柴工。"购物前先别急着出门，应该先列好购物清单，规划好自己要买的物品，有计划地消费。

② 分门别类

购物清单并没有统一的样式，但是为了防止遗漏，我们还是应该分门类列。比如可以按照家庭成员分类，分别写清每一位家庭成员需要的物品；也可以按照商品种类分类，如食品类、日用品类、电子产品类等，每一大类还可以细分，如食品类可细分为水果蔬菜类、粮油类、肉类、海鲜类等。

③ 严格执行

列好清单后，我们严格执行，就不会被购物场所的广告和各种促销活动吸引而去买不必要的物品了。

疯狂下单的直播间

　　小贝这学期的成绩取得了很大进步，得了一笔500元的奖学金，她把钱给了妈妈。妈妈说这笔钱应该由小贝自己来支配。小贝兴奋地说："我看很多人都在直播间买东西，我也想试试。我想用300元来网购，剩下的钱用来买游乐园的门票。"妈妈同意了，给小贝的微信中转了500元。

　　进入直播间后，小贝真是大开眼界，她发现很多东西都很便宜，有的才9.9元一件。小贝简直挑花了眼，再加上那些秒杀活动和优惠活动的刺激，小贝疯狂下单。不知不觉，小贝把买门票的钱都花进去了，直到余额为零才收手。

你必须要知道的！

① 为什么直播间的商品都很便宜，我们反而容易超支呢？这是因为积少成多，购买的数量大，钱自然就花多了。

② 直播间的主播非常善于宣传，在主播的煽动下，我们很容易买下很多不需要的东西。

③ 直播间经常会搞很多优惠活动，这会让我们产生一种买到就是赚到的错觉，进而疯狂下单。

直播带货是现在非常流行的一种销售方法，主播通过在直播间现场试穿、试吃、试用等环节，让大家充分了解产品信息，从而增加销量。但是，由于直播产品的质量参差不齐，消费者无法触摸实物，因此在直播间购物免不了会买到伪劣产品。

敲重点！我来支招

1. 直播间的一些商品虽然便宜，如果我们疯狂下单购买，那也会花不少钱。我们应保持理智的头脑，只买我们真正需要和喜欢的东西。

2. 一分价钱一分货，便宜的东西，可能质量不佳。我们在购买的时候要擦亮双眼，要在官方的、正规的直播间购买。

3. 直播间的各种优惠活动让人眼花缭乱，这其中不乏套路，我们应仔细阅读活动规则，多方比对，慎重下单。

4. 直播间很多时候是靠走量来盈利的，我们一定要考虑是否需要那么大数量的产品，特别是一些食品，买得过多，往往会因为过期而造成浪费。

合理使用优惠券

　　星期天，甜甜和爸爸妈妈一起去了海洋馆，游玩结束后，一家人决定选一家餐厅共进晚餐。这可把甜甜高兴坏了，她兴致勃勃地想着今晚吃什么。

　　这时候妈妈提议道："上次我们去的那家自助餐厅，给了两张优惠券，今天我们正好把它们用掉，而且那家餐厅就在这附近。"妈妈的提议得到了爸爸和甜甜的认可。

　　到了餐厅，妈妈拿出两张优惠券，每一张可以优惠20元，爸爸妈妈正好一人用一张，甜甜则照常半价。甜甜高兴地说："这也太划算了，以后我们吃饭都来这里吧！"

你必须要知道的!

1 商家发了优惠券会亏本吗?优惠券是一种商家常用的促销工具,通过降低自身产品的价格,来达到吸引更多消费者、赚取更多利润的目的。因此,商家大概率不会亏本,虽然压低了价格,但是消费者的数量会大量增加。

2 既然用了优惠券会便宜,那我们积攒很多优惠券,时时使用,是不是就会省很多钱呢?这也未必。有了优惠券,我们可能会因为感觉划算而增加消费,可能会因此而买一堆不太需要的东西,进而掏空钱包。

注意 优惠券 的种种限制

商家为了赚取利润,利用优惠券让利的幅度一般不会太大,有时还有很多限制,不是任何情况都能使用的。比如,有的节假日不能使用,有的消费满多少元才能使用,有的只有特定产品才能使用,有的不能跨门店或跨品类使用,等等。因此在使用优惠券前,我们须仔细阅读"使用说明"。

让人眼花缭乱的优惠券

随着时代的发展，商家的促销手段越来越多，发出的各种优惠券让人眼花缭乱。除了传统的纸质优惠券外，还推出了功能更强大的电子优惠券。根据内容，优惠券可分为现金券、折扣券、礼品券、换购券、体验券等。下面我们具体介绍一下不同优惠券的用途。

种类	具体解释
现金券	可抵部分现金使用
折扣券	可享一定的折扣
礼品券	可领指定礼品
换购券	可换购指定商品
体验券	可体验某些服务

敲重点！我来支招

① 优惠券的确可以在一定程度上让我们享受到优惠，但其本质是商家增加销量的工具，我们没必要为了用掉优惠券而去买我们不需要的商品，那样就得不偿失了。

② 优惠券中也不乏陷阱，有时商家是先涨价，再发优惠券。因此，不要看见优惠券就头脑发热，应该货比三家，保持冷静。

购物应挑选好时机

星期天,妈妈带俊俊到商场,打算给俊俊买一件羽绒服。俊俊不解地问:"妈妈,现在是夏天啊,您为什么要给我买羽绒服?我也没法穿啊。"妈妈解释道:"夏季是卖羽绒服的淡季,会打折,现在买好了,你可以冬天穿啊。"

俊俊将信将疑地跟着妈妈走进卖羽绒服的店里,发现羽绒服真的都在打折。最后,妈妈给俊俊选了一件打五折的羽绒服。俊俊得到了一件很帅气的羽绒服,妈妈也没有花冤枉钱,真是两全其美。俊俊觉得妈妈真是太厉害了。

你必须要知道的！

商品的价格是由市场上的需求和供给两种因素的共同作用，也就是供求关系决定的。一件商品的价格并不是固定不变的，比如，像羽绒服这种受季节影响较大的商品，到了夏季，天气炎热，人们就不需要穿了，对它的需求自然就变得很低，这时候商品的价格就会下降。所以，夏季是卖羽绒服的淡季。俊俊的妈妈及时把握了这一规律，自然能够享受到优惠的价格。

供求关系是一定时期内社会提供的全部产品、劳务与社会需要之间的关系。商品价格与供求量之间相互制约。当供给大于需求的时候则价格下降，当需求大于供给的时候则价格上涨，当供给与需求相当的时候则为均衡价格。经济要想健康发展，就要保持良好的供求关系。

不可错过的购物好时机

购物好时机	具体解释
换季的时候	对于那些受季节影响较大的商品，我们可以选择换季的时候购买。例如，进入春季了，冬装就会打折；进入冬季了，空调、泳衣等就会降价。
节假日或年度大促销之际	每一年的重要节假日，包括春节、元宵节、妇女节、儿童节、中秋节、国庆节等，还有年度大促销期间，包括"6·18""双十一""双十二"等，商家都会有较大的打折力度。
新款发布之际	随着科技进步和时尚潮流的变化，每当新款产品发布之际，人们多数会竞相追逐，此时，一些旧款产品的需求量就会降低，价格自然也会下降。像手机、电脑、相机等数码产品，时尚品牌的服饰、箱包等都具有这样的特点。

敲重点！我来支招

1. 对于一些不是特别急需的物品，在换季的时候购买是很不错的选择。

2. 每一年的重要节假日、购物节等时间节点，我们都应该特别留心一下，有可能会享受到优惠价格。

3. 如果预算有限，也不必非买最新款。比如，非新款的电子产品或服饰等一般会降价。

我来当一天的"小管家"

  大林花钱总是大手大脚的，妈妈为了让他改改，想到了一个主意。一个星期天的早晨，妈妈把300元钱给了大林，让他当一天"小管家"，今天谁花钱都要从他这里拿，剩下的就是他的零花钱。大林高兴极了，觉得这么多钱，一定能剩下不少。

  这一天，妈妈买了菜和肉，爸爸买了个水龙头，妹妹买了蛋糕，大林自己买了个玩具……这些花销跟每个周末都差不多，但是还没到傍晚，大林手里的钱就快没了，他越来越心疼。当最后20元钱被妈妈拿去买卫生纸后，大林的眼泪在眼眶里打起转来。原来一个家庭每天有这么多开销啊，他下定决心以后不再乱花钱了。

你必须要知道的!

1. 居住支出是家庭支出的重要部分，包括租金或房贷、物业费、水电费、燃气费等。

2. 食品支出是每个家庭的基本开销，包括蔬菜、水果、肉、蛋、奶、粮、油以及零食等。

3. 家庭成员购置衣物、家具等生活用品的费用，还有交通费、手机费、网络费等也是必不可少的。

4. 教育支出、医疗保健支出也是家庭支出中的一个重要部分。

5. 除此之外，还有教育、休闲娱乐支出等。

俗话说："不当家不知柴米贵。"我们如果不能尽早体会挥霍浪费的危害，长大后自己要为衣食住行花钱时，就容易手足无措。了解家庭的开支情况，有助于我们产生对钱的"责任感"，以后花钱时就会自觉做好开支计划。

家庭开支明细图

家庭开支通常包括大额固定开支（如车贷、房贷、学费和医疗保健费用等）和小额日常开支两大类，同时又可大致分为居住、食品、衣着、日用品、医疗保健、交通通信、教育文娱以及其他用品及服务等。

我们想要一目了然地了解家庭开支明细，可以仿照下图，做一个家庭开支明细图：

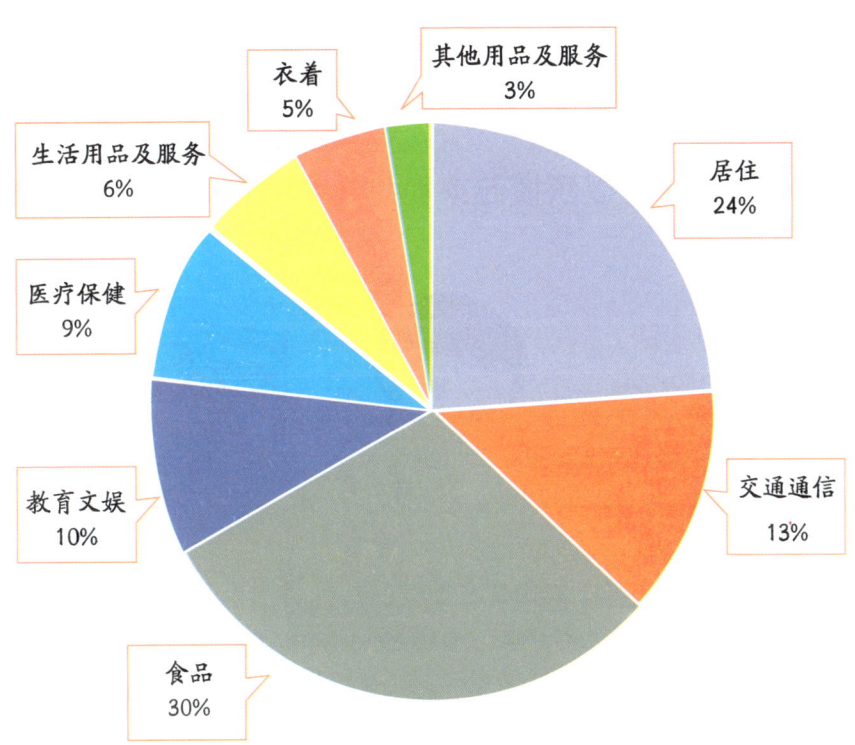

敲重点！我来支招

1. 家庭开支要想做到开源节流，就必须提前做好较为详细的预算，并严格按照预算来执行。

2. 购买商品的时候，要注重性价比，可以货比三家。

3. 勤关灯、关水；外出时多乘坐公共交通工具或骑行。

4. 日常生活中产生的纸箱、塑料瓶、玻璃等都是可回收的材料，可以积攒起来卖掉。

第四章

合理理财，理财不只是大人的事情

鸡蛋不能只放在一个篮子里

这天,佳宁一回到家就看到妈妈垂头丧气地坐在沙发上,爸爸在一旁安慰她。佳宁走上前询问原因,爸爸说:"妈妈炒股失败了,赔了不少钱。"

妈妈懊悔地说:"我不该贪图'暴利',早知道我就不把鸡蛋都放在一个篮子里了。唉……"

"鸡蛋?篮子?"佳宁疑惑地问,"这和炒股有什么关系呢?"

爸爸解释道:"这是一个有趣的比喻。意思是:为了规避风险,投资者应该选择几种不同的投资品种进行分散投资。就像为了防止鸡蛋磕碰、碎裂,要把鸡蛋分别放在不同的篮子中。"

你必须要知道的！

1 在投资过程中，我们应该保持冷静和理性，不要被高收益迷惑。过于贪心会让我们忽视风险，很容易给我们造成巨大的损失。

2 学会理财可以帮助我们更好地利用金钱资源。通过学习理财，我们可以更好地积累财富、理解投资与回报的关系，还能控制消费欲望，做出明智的投资决策。

3 为了制定有效的分散投资策略，我们应该综合考虑家庭收支情况、资产状况和风险承受能力等因素。

"32221"组合投资策略

"32221"组合投资策略是一种稳健的投资策略。简单来说，就是将个人总储蓄分成5份，其中的30%用来储蓄；20%用来购买债券、基金等低风险理财产品以增加收益；20%用来购买股票等高风险投资以追求高利润；20%用于购买贵金属、收藏品等可能会增值的实物；剩下的10%则用于购买保险，防止意外情况的发生。当然，我们应根据自己的实际情况选择最适合的投资方式。

常见投资方式的风险

投资方式	风险
储蓄	定期储蓄是最普遍的投资方式,公民的个人存款受到法律保护,风险极低。
债券	债券风险较低且收益稳定,资信等级越高的债券发行者所发行债券的风险越小。
基金	基金是一种利益共享、风险共担的集合投资方式,不同类型的基金,风险也不一样。
股票	股票投资风险较高,受多种因素影响,可能带来较大的收益或者损失。
保险	保险是应对风险而生的理财产品,基本上没有风险。
黄金	黄金是一种贵金属,也是具有稳定和保值特性的避险资产。

敲重点！我来支招

1. 我们选择投资方式时，要综合考虑预期收益、自身的经济实力、投资方式的历史表现等因素。

2. 分散投资后，为了不偏离最初的投资目标，我们应该定期调整投资组合中每项资产的比例。

3. 我们还应该采取一些风险管理方法，如设置止损点、关注市场动态等。

最普遍的理财方式——储蓄

一天,小悦看到爸爸妈妈坐在一起,边说边用笔在纸上计算着什么。她好奇地走过去问他们在做什么。妈妈说:"我们准备将家里的现金都存到银行里。"

小悦不解地问:"为什么要把咱们的钱送去银行呢?奶奶的钱都藏在床垫下或衣柜里,这样不是更安全吗?"

妈妈摸着小悦的头说:"傻孩子,把钱藏在家里可不会变多,如果存进银行还有利息可拿呢!""利息是什么意思?"小悦追问道。

爸爸解释说:"利息是银行给存款人的一种报酬,由于在银行储蓄简单、安全,还能获得稳定的收益,所以储蓄是大多数人选择的理财方式。"

你必须要知道的！

① 储蓄是指人们将暂时不用的钱存入银行、信用合作社等金融机构的行为。

② 储蓄是最受欢迎的理财方式之一，因为它的风险极低，通常不会亏本，而且还可以赚取一定的利息。

③ 对于存款人（公民）来说，利息是借款人（银行）付给存款人的报酬；对于借款人来说，利息是借款人使用货币资金必须支付的代价。

存进银行的钱都去哪儿了？

我们的存款被银行主要用于以下几个地方：一是储备金，银行会保留一部分资金用于取款服务和运营储备；二是放贷赚钱，银行会将大部分资金用于发放贷款并借此盈利；三是与其他金融单位之间进行资金往来；四是用于发行货币、债券、基金货币等投资产品。

我国的储蓄原则

我国的储蓄原则是"存款自愿、取款自由、存款有息、为储户保密",这些原则是为了保护存款人的权益和银行业务的正常运作而制定的。具体含义如下:

存款自愿	现金是我们的个人财产,可以根据自己的意愿选择将资金存入银行以及根据自己的意愿选择存款的数额。
取款自由	我们可以在需要时自由取出部分或全部存款,银行不得以任何理由拒绝。
存款有息	银行要按照一定的利率回报储户相应的利息。
为储户保密	个人信息以及存款情况都属于个人隐私,银行不能随意泄露储户的信息。

敲重点！我来支招

1. 我们小孩子必须在家长的陪同下才能去银行开户，并且要准备家长身份证、我们的身份证、户口本等资料。

2. 储蓄的种类非常多，我们应该根据实际需要以及利息的多少等因素谨慎选择。

3. 通常来说，我们存在银行里的钱越多、时间越长，能够获得的利息就越多。

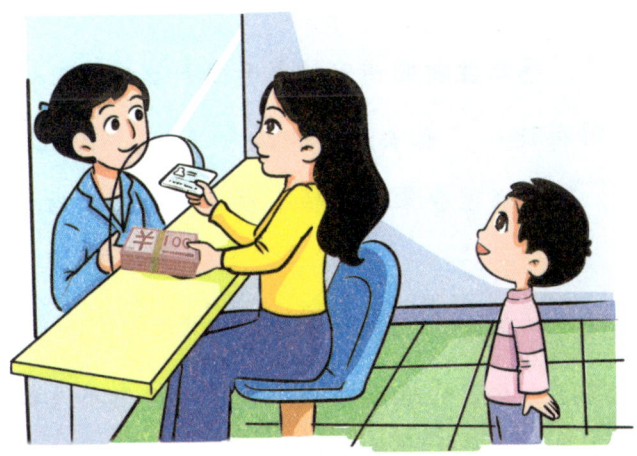

基金真的是稳赚不赔的投资吗

这天,刘叔叔来到洋洋家,和洋洋爸聊起了投资。刘叔叔说:"我准备买基金,基金经理说了,这只基金稳赚不赔,你也跟我一起买吧!"

洋洋听了,忍不住打断道:"基金是什么?"

洋洋爸解释道:"基金是一种投资工具,许多投资人把钱交给基金公司,基金经理会拿这些钱去投资,赚到钱后投资人就可以享受分红了。"

洋洋又问:"基金真的稳赚不赔吗?"

洋洋爸说:"基金的风险的确比较低,但也不是稳赚不赔的,如果投资者不谨慎,就有可能亏损。"

你必须要知道的！

1 基金是将多个投资者的资金集合起来，由专业的基金管理机构进行投资操作，再将投资收益分配给投资者。

2 和股票相比，由于基金采用组合投资的方式，且由专业人士管理，投资者面临的风险相对较低，但是收益也比较低。

3 任何理财产品都存在风险，尽管相对于其他高风险投资工具来说，基金的风险较低，但也有亏损的可能。

基金有广义与狭义之分

广义的基金，是指某些机构为了某种目的将众多个人的钱集中到一起，是具有一定数量的资金，比如养老基金、住房公积金、健康基金、公益慈善基金等。狭义的基金，是指证券投资基金，也就是人们进行投资和买卖的金融商品，包括开放式基金和封闭式基金，它主要投资于股票、债券等。

如何挑选一只好基金

不同类型的基金有着不同的投资目标和风险等级,由于基金是一种间接投资工具,需要委托基金管理公司进行运作,因此挑选基金可是个麻烦事,我们必须综合考虑基金品种、基金经理、基金管理公司等多方面因素。具体可以参考下表:

步骤	挑选准则
基金类型	基金有不同的类型,比如股票基金、债券基金、混合基金等。选择你感兴趣的类型。
基金经理	查看基金经理的经验和过往业绩,好的基金经理能帮助基金获得更好的回报。
基金历史表现	虽然过去的表现不代表未来,但可以作为参考。看看基金在过去几年的表现如何。
费用	了解基金的费用,包括管理费和销售费。费用太高可能会影响你的收益。
风险等级	基金的风险等级不同,选择与你能接受的风险水平相匹配的基金。

敲重点！我来支招

1. 小孩子一般是不可以购买基金的，我们可以跟着爸爸妈妈学习购买、投资基金的技巧和理念，锻炼我们的财商。

2. 在购买基金时不能"喜新厌旧"，虽然新基金有价格低等优势，但也有着更大的风险。

3. 不以短期涨跌论英雄。短期涨跌并不能完全反映一只基金的优劣，应以长期考察的综合评估作为判断依据。

国家真的会向我们借钱吗

春节后,小博激动地找到爸爸:"爸爸,我今年收到了5000元压岁钱,有没有什么好的理财产品啊,我想让这笔钱'生'些钱出来!"爸爸问:"和以前一样,存进银行不好吗?"小博说:"银行的利息太少了,我想买个利率更高但是风险又很低的产品。"

爸爸笑了笑说:"恐怕只有国债符合你的要求了。""国债是什么?"小博问,"是国家向我们借债的意思吗?"

爸爸解释道:"差不多,国债是债券的一种,简单来说就是国家向我们借钱后,给我们打的欠条。这种'欠条'不仅是最安全的理财产品,而且利率还比储蓄高呢!"

你必须要知道的！

1 简单来说，债券是指发行主体向投资者发行的债务凭证，投资者购买债券就相当于借款给机构并获得一定的利息回报。

2 在我国，债券的发行主体包括国家、地方政府、金融机构和企业。国家发行的债券有国库券、国家经济建设债券、国家重点建设债券等。

3 国债是国家发行的债券，也可以理解为国家向公众募集资金的一种方式。国债是最常见的债券类型之一，而且是信用度最高的债券，被公认为最安全的投资工具。

债券市场并非毫无风险

债券市场虽然相对稳定，但也存在一些风险。比如由于企业没能获得足够的收益，难以偿还本息的违约风险；债券的利率变动与价格变动方向不符，给投资者带来损失的利率风险。除此之外，还有通货膨胀风险、赎回风险、流动性风险等。

去哪里购买债券呢？

债券市场是进行债券交易的主要场所。我国的债券交易场所分为两类，分别是发行市场（又称"第一级市场"）和流通市场（又称"第二级市场"）。不同市场、不同类型的债券，购买方式不同，具体如下：

债券市场	债券类型	购买方式及地址
发行市场（一级市场）	凭证式国债	到银行柜台认购。
	记账式国债	委托证券公司认购或向指定的国债承销商认购。
	企业债券	到发行公告中公布的营业网点认购。
	可转换债券	在证券交易所交易或通过券商平台购买。
流通市场（二级市场）	记账式国债	通过商业银行柜台进行交易。
	记账式国债、上市企业债券和可转换债券	通过交易所买卖。

敲重点！我来支招

1. 在购买债券之前，我们应该先了解发行机构的信誉和财务状况、债券的类型、预期收益率、债券到期时间等因素，综合考虑，做出合理的决策。

2. 购买债券时也要注意购买不同发行机构、不同类型的债券，从而分散风险。

3. 小孩子也可以购买国债，但必须在家长的陪同下购买。

买彩票真能"一夜暴富"吗

最近,妈妈由于工作比较忙,便请舅舅帮忙接小龙放学。这天,妈妈提前下班,在回家路上正好看到小龙拉着舅舅的胳膊不断央求:"好舅舅,你再给我多买两张吧,这回肯定中奖!"

妈妈严肃地走过去,严厉批评道:"你不回家写作业,竟在这里买彩票!"

小龙连忙解释道:"我买彩票不是为了玩。我看到新闻上说,有个人买彩票中了几千万。我也想中大奖。"

妈妈叹了口气,说:"傻孩子,彩票中奖的概率微乎其微,你不要做这样的白日梦了。"

你必须要知道的!

1. 彩票是一种以筹集资金为目的发行的、通过抽奖的方式让参与者购买的凭证。

2. 由于彩票的中奖号码是随机生成的,因此中奖概率是非常低的,中大奖往往需要极大的运气,只有极少数人才能如此幸运。

3. 购买彩票可以给人们带来一种刺激和期待的感觉,但我们不能指望靠买彩票来获得财富,而是应该将其当作一种娱乐方式,避免过度投入和过分期望。

彩票是骗局吗?

中国福利彩票是1987年开始由中国福利彩票发行中心发行的,中国体育彩票是由国家体育总局体育彩票管理中心发行的。发行彩票是为了筹集社会公众资金,促进社会福利事业发展。我国的彩票必须经过财政部审核以及国务院批准才能发行,因此彩票其实是国家合法发行的一种博彩方式。但是,一些不法分子利用人们的侥幸心理,宣传"高回报""稳赚不赔"的彩票,这些往往都是骗局。

敲重点！我来支招

1. 根据我国法律规定，彩票是禁止向未成年人销售的，我们也不应该主动去购买彩票。

2. 希望通过购买彩票发大财，本质上是一种投机行为，这是不现实的，我们要靠自己的劳动来换取收入。

3. 如果我们想买彩票娱乐一下，可以让爸爸妈妈帮忙代买，但要认准正规的彩票实体店。

第五章

培养财商，树立正确的金融观

信用是金融活动的基石

一天,莉莉的叔叔来她家里做客,莉莉非常开心。但是,叔叔始终心事重重,莉莉问:"叔叔,你为什么不开心啊?"

叔叔说:"我本来想去住酒店,但是酒店竟然不让我入住,真郁闷!"

莉莉问:"为什么呀?"

她这一问,叔叔反倒有些不好意思了,说:"我的几张信用卡都有不良记录。"

莉莉还是不明白:"信用卡和住酒店有什么关系呢?"

叔叔说:"信用卡有不良记录,就会影响到我的个人信用;个人信用不仅会影响住酒店,对贷款、坐高铁、坐飞机都有影响。"

你必须要知道的！

① 信用是现代金融的基石，没有信用，全世界的金融活动都无法运转。

② 使用信用卡透支消费之后没能按时还款，就会产生逾期记录；进行贷款，没有按期还款，也会出现不良记录。

③ 如果别人贷款时我们提供担保，对方没能按时还款，我们的个人信用中也会出现逾期记录。因此为别人提供担保时，一定要慎重。

什么是征信？

古人云："君子之言，信而有征。"征信在今天已经成为我们每个人的"经济身份证"，我们要想在经济活动中畅行无阻，就必须保持良好的信用记录。如果出现不良记录，不仅会在办理贷款、申领信用卡等行为中受阻，还可能影响坐高铁、坐飞机、住酒店等。

信用的种类

名称	简介
国家信用	国家以债务人身份向国内人民取得的信用。不同的国家运用信用的方式不同，我国主要是发行债券和吸收存款。
银行信用	银行以货币形式提供的信用，如向企业和个人提供贷款等。
商业信用	卖方以延期付款方式出售商品而提供的短期信用，是现代信用的基础。
个人信用	基于信任，通过一定的协议或契约提供给个人（及其家庭）的信用。个人信用是整个社会信用的基础。
消费信用	企业、银行或者其他消费信用机构向消费者个人提供的信用，通过赊销、分期贷款等方式来体现。

敲重点！我来支招

1. 我们要尽早建立自己的信用记录。因为保持良好信用记录的时间越久，就越能赢得银行等机构的信任。

2. 在拥有个人信用记录之后，我们要按时还款和缴纳各种费用，努力保持良好的信用记录。

3. 我们查询"个人信用报告"发现错误之后，必须及时联系提供报告的机构，纠正错误信息。

你知道吗，金融市场有个"晴雨表"

一年前，爸爸为了培养吴迪的财商，把他带到了银行，和自己一起进行定期储蓄。今天期限到了，爸爸又和吴迪一起来到银行，把钱取了出来。

回到家中，爸爸让吴迪把钱数一遍，吴迪数完后说："爸爸，银行算错钱了吧，多给了咱们一百多块呢！"

爸爸笑着说："银行可没有算错，这是给我们的利息。"

吴迪说："哇，这利息还不少呢！银行是根据什么标准给我们这些利息的？"

爸爸回答："这个标准就是利率。利率不仅影响我们的利息，还是金融市场的'晴雨表'，投资者想要获利就必须关注利率。"

你必须要知道的！

① 经济过热、出现通货膨胀时，可以提高利率，一部分想要贷款投资（投机）的人就会望而却步；待通货膨胀得到控制的时候，就可以适当降低利率。通货紧缩时则可以借降低利率来刺激经济的发展。

② 利率水平直接影响外汇的汇率。可以说，某货币利率上升，就会吸引人们购买；利率下降，人们的购买意愿也会随之降低。

利率指一定时期内利息额与本金（存入或贷出金额）的比率，一般用百分比来表示。利率一般分为年利率、月利率、日利率。利率水平受货币政策、市场供求关系、风险程度等诸多因素的影响。

利率体系

```
                           ┌─ 票据市场利率
                           ├─ 债券市场利率
             ┌─ 市场利率 ──┼─ 拆借市场利率
             │             ├─ 银行内部资金往来利率
             │             └─ 同业存款利率
利率体系 ────┤
             │             ┌─ 存款准备金利率
             │             ├─ 再贴现利率
             └─ 法定利率 ──┼─ 再贷款利率
                           ├─ 公开市场操作利率
                           └─ 存贷款基准利率
```

敲重点！我来支招

❶ 计算利息

怎么计算利息呢？利息分为单利和复利。单利比较容易计算，例如，我们往银行存 100 元，年利率 5%，那么一年后就变成了 105 元；复利不仅要计算本金的利息，还要计算本金的利息的利息。例如，我们从银行贷款 100 元，年利率是 5%，一年后要偿还 105 元。两年后则要偿还 110.25 元，这 0.25 元就是第一年的利息 5 元产生的利息。

❷ 学有所用

我们学习了利率知识后，就可以当爸爸妈妈的"小参谋"了。例如，出现通货膨胀的迹象时，利率会随之上升，我们可以劝阻爸爸妈妈，让他们暂时不要进行大额投资。

存进银行的钱真的毫无风险吗

今天,小琪放学一回家就冲到了妈妈面前,煞有介事地问道:"妈妈,咱们家的钱您都存到银行了吗?"妈妈说:"存了呀,你怎么突然关心起这个来了?"小琪说:"小乐说他爷爷把辛辛苦苦存了很多年的钱锁在了一个木柜里,可谁能想到前几天他爷爷家着火了,那些钱都烧成灰了。"妈妈说:"把大量现金放在家里的确很不安全。"小琪说:"幸好咱们家的钱都在银行里,不但不会损失,还能生利息,这我就高枕无忧了。"妈妈说:"把钱存在银行的确有很多好处,但只能说相对安全,银行也有可能会倒闭,金钱也有可能会缩水,这世上不存在万无一失的事。"

你必须要知道的！

1 现如今，大部分人都会把手里的钱存入银行。银行的确比家里更安全，银行失窃的概率很低，也不用担心现金被虫蛀、鼠啃、水淹、火烧等。

2 世上没有万无一失的事情，银行虽然相对安全，但也有着破产的可能性。很多国家都发生过银行破产的案例。

3 如果物价越来越高，相应地，金钱就会贬值，那么我们放在银行的钱就相当于缩水了。我们很有可能遭遇这种损失。

中国四大银行

中国四大银行，是指由国家直接管控的四个大型国有银行，分别是中国工商银行、中国农业银行、中国银行、中国建设银行，简称工、农、中、建，亦称中央四大行，它们代表着中国最雄厚的金融资本力量。

银行标志认一认

小朋友们，我国的大型国有商业银行一共有六个，分别是中国工商银行、中国农业银行、中国银行、中国建设银行、交通银行和中国邮政储蓄银行。它们的标志各不相同，外出的时候，不妨留心并记忆一下，然后在下面的框中把它们画出来吧。

中国工商银行

中国农业银行

中国银行

中国建设银行

交通银行

中国邮政储蓄银行

敲重点！我来支招

1. 把钱存在银行是相对稳妥的，但也不是百分之百的安全，所以我们应该根据实际情况，选择合适的储蓄方式，并且多关注相关政策，灵活调整，这样才能尽可能地保住自己存款的购买力。

2. 我们在选择银行时要选择那些抗风险能力较高的银行，大型国有商业银行是很不错的选择。

有了信用卡可以**无限消费**吗

楚然的小姨是个"购物狂"。一次她们一起出去玩,结账时,楚然忍不住问:"小姨,你买了这么多东西,你的钱够花吗?"小姨自信地说:"我有信用卡!"楚然又问:"信用卡是什么卡?"小姨解释说:"信用卡就相当于银行给我开的借条,让我可以先消费,后续再慢慢还款。"楚然继续问:"那有了信用卡就可以无限消费吗?""当然不行了,"小姨说,"信用卡是有额度的,超过额度就不能再用了。"

此时,收银员说道:"对不起女士,您的信用卡超额了。"

你必须要知道的！

① 信用卡是银行提供的一种小额信贷支付工具，它允许持卡人在卡里没有钱时刷卡消费，但要在之后的还款期限内还款。

② 如果持卡人没能及时还款则会被银行催收，如果被银行催收2次后超过3个月仍不还款则属于违法行为。

③ 银行会定期发送账单给信用卡持卡人，用来确认消费记录和还款情况。如果持卡人忘记查看账单，很可能会错过还款日期。

中国银行卡联合组织——中国银联

最初，由于缺乏一个统一的跨行清算组织，国内各家银行发行的银行卡不能跨行使用。为了解决这个问题，中国银联应运而生。这是一个由多家银行共同发起成立的银行卡组织，在中国银联的推动下，国内的银行卡实现了跨行通用，甚至在国外也建立起广阔的银联受理网络。

信用卡和借记卡的区别

　　银行卡主要分为两大类，分别是借记卡和信用卡。借记卡是最常见的银行卡种类，它就相当于一个钱包，我们需要先将钱存进借记卡才能用它消费。而信用卡就像一个有额度的欠条，持卡人可以先消费，然后再存款。

　　信用卡和借记卡还有哪些区别呢？我们一起来看看吧！

	信用卡	借记卡
办理条件	有身份证、年满18周岁、有还款能力、无不良信用等。	有身份证、年满16周岁；未满16周岁需由监护人协助办理。
卡号	16位数字。	16、17或19位数字。
费用	年费、利息、透支利息、现金提取费、资金转账费等。	年费、利息、取款手续费、转账手续费等。
使用	有信用额度，先消费、后还款，可透支。	没有信用额度，先存款、后使用，不可透支。
信用记录	与个人信用记录相关。	与个人信用记录无关。

敲重点！我来支招

1. 有了信用卡并不代表可以无限消费，我们要提醒爸爸妈妈，使用信用卡时要有节制，不能过度消费。

2. 在使用信用卡消费后，一定要在规定时间内还款，如果没有及时还清欠款，就会影响我们的征信！

3. 如果持卡人办了信用卡却长期不用，会导致限额降低、提额困难，我们要提醒爸爸妈妈避免这种情况出现。

警惕成为小守财奴

小悦每周的零花钱不是很充裕,况且爸爸妈妈经常教育她应该理性消费,所以小悦花钱非常小心,能不花就不花。

平时和同学们一起出去玩,小悦从不掏钱,无论吃什么都是同学请客。甚至有一次,班级组织野餐,小悦也什么都没带,一直在吃同学们带来的食物。

时间一长,一些同学对小悦的这种行为很不满意,私下里叫她"铁公鸡"。小悦也发现,同学们都在疏远自己,好几次大家出去玩都没叫上她。小悦非常苦恼。

你必须要知道的！

① 过度节俭会演变成吝啬，会影响我们与他人的人际交往。

② 我们生活在这个社会中，方方面面都是需要花钱的。爸爸妈妈辛苦赚钱，本就是为了让我们生活得更舒适、更美好。从这个角度来说，有些钱是不能省的，该花的钱我们要花。

③ 我们正处于人格形成时期，这个时期太过吝啬，长大后就很难改过来了。所以，我们一定要培养良好的金钱观，既不奢侈浪费，也不"一毛不拔"。

吝啬鬼！

勤俭节约是中华民族的传统美德，但节俭也要适度，过度就是吝啬，是传统美德所摒弃的。金钱的价值不在于拥有，而在于使用，不管我们有多少钱，如果不使用那就等于没有。我们在生活中不能过于吝啬钱财，应该把钱用在该用的地方。

过于节俭的坏处

坏处	具体表现
降低生活质量	过度省钱的人可能会因为贪图便宜，买一些质量较差的产品，甚至是三无产品，这样会降低生活质量，甚至影响健康。
造成浪费	过度省钱的人可能会经常囤积一些促销产品，或者一些快过期的食品，如果不能及时吃完、用完，这样也是一种浪费。
影响人际关系	在与人交往时，如果过于吝啬，还会影响我们的人际关系。我们终究是社会中的一员，人际关系不和谐会对我们产生很大的负面影响。
产生拜金心理	过于节俭，可能会使人对金钱的渴望越来越大，为了金钱可以牺牲自己的道德。

敲重点！我来支招

1. 我们应树立正确的金钱观，让金钱为我们服务，为我们的生活增色添彩，而不是成为金钱的奴隶。

2. 勤俭节约是中华民族的传统美德，但省钱应该使用合理的方法。比如，不过分追逐名牌和潮流，衣服舒适、够穿就好；出行多乘坐公共交通工具，既省钱，又环保；多吃爸爸妈妈做的菜，尽量少去饭店吃"大餐"；等等。

警惕披着游戏外衣的赌博行为

最近,爸爸发现小武沉迷于手机游戏,经常一玩就是几小时,而且零花钱也花得非常快,爸爸对此十分担忧。一天,爸爸推开小武的房门,只见小武正神采飞扬地说着:"好!又赚了5块钱!"

爸爸从小武手中夺过手机,生气地说:"你最近过分沉迷于游戏了!"小武辩解道:"爸爸,您误会了,您不是经常买一些理财产品吗?我在学您进行投资。这款游戏虽然花钱,但只要赢了就能获得奖金。您看,我已经赚了几十块了!"

爸爸摇摇头说:"傻孩子,你这种行为并不能算是投资,而是赌博,这是网络赌博诈骗常见的套路,你现在已经'上套'了!"

你必须要知道的！

1 在网络游戏中充值、获利的行为虽然看上去像是"用钱生钱"，但并不是投资行为，更多的是一种娱乐消费方式。

2 网络赌博诈骗是通过包装成网络游戏、竞猜、彩票等软件，吸引用户注册并进行充值、下注，从而骗取他人财物的行为。

3 赌博虽然有可能获得回报，但其实是一种依赖运气的行为，没有方法或策略可言，与投资是完全不同的概念。

警惕层出不穷的 网赌诈骗

网络赌博诈骗形式千变万化，可能会包装成各种娱乐软件的样子，比如一些直播软件会吸引观众打赏、充值，进而在直播间参与一些赌博游戏；还有一些体育新闻软件利用热门球赛吸引球迷下注，制造一种"看球可以赚钱"的错觉。"网赌"诈骗防不胜防，但它们的目的只有一个，那就是骗取我们的钱财，只要我们不轻信、不参与，就能守好自己的钱包。

敲重点！我来支招

1. 通常来说，具有提现功能的游戏软件很可能涉嫌赌博，我们一定要警惕这类软件。

2. 我们在保持警惕的同时也要监督好家人和朋友，发现他们在玩涉嫌赌博的游戏时要及时制止他们。

3. 我们不能指望靠任何形式的赌博来赚钱，而是要在财务规划与理性投资中获得正当收益。